Nombre_______________________________

La Luna, la Tierra y el Sol

Una estrella es una bola de gases que queman.
El sol es una estrella.
Un planeta gira alrededor del sol.
La tierra es un planeta.
La luna es un satélite que gira alrededor de un planeta.
La tierra tiene una luna.

Une:

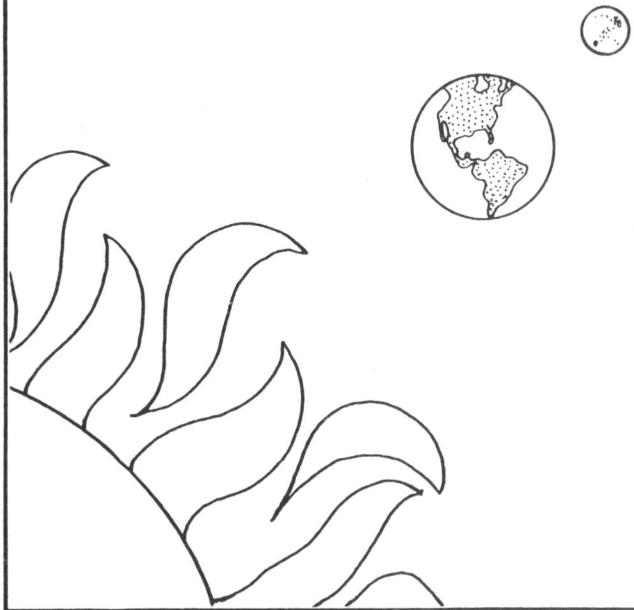

- la tierra
- la luna
- el sol

Llena los espacios en blanco:

1. La luna es un ________.
2. La tierra es un ________.
3. El sol es una ________.

satélite
estrella
planeta

Extra: En el dibujo de arriba pon una X indicando el lugar donde vives.

Maestro(a): Usted puede enseñar estos términos: satélite, órbita, reflexión.

Nombre________________________________

La Luna

La luna es más pequeña que la tierra y el sol. Nosotros podemos ver la luna porque brilla con la luz del sol. La luna gira alrededor de la tierra una vez en un mes. No hay aire ni agua en la luna. Hay montañas altas y llanuras cubiertas de polvo en la luna. Hay muchos hoyos grandes llamados cráteres.

llanura	montaña	cráter

Extra: Dibuja la tierra, en el cielo, sobre la luna.

Nombre ____________________________

Mira Como Cambia la Luna

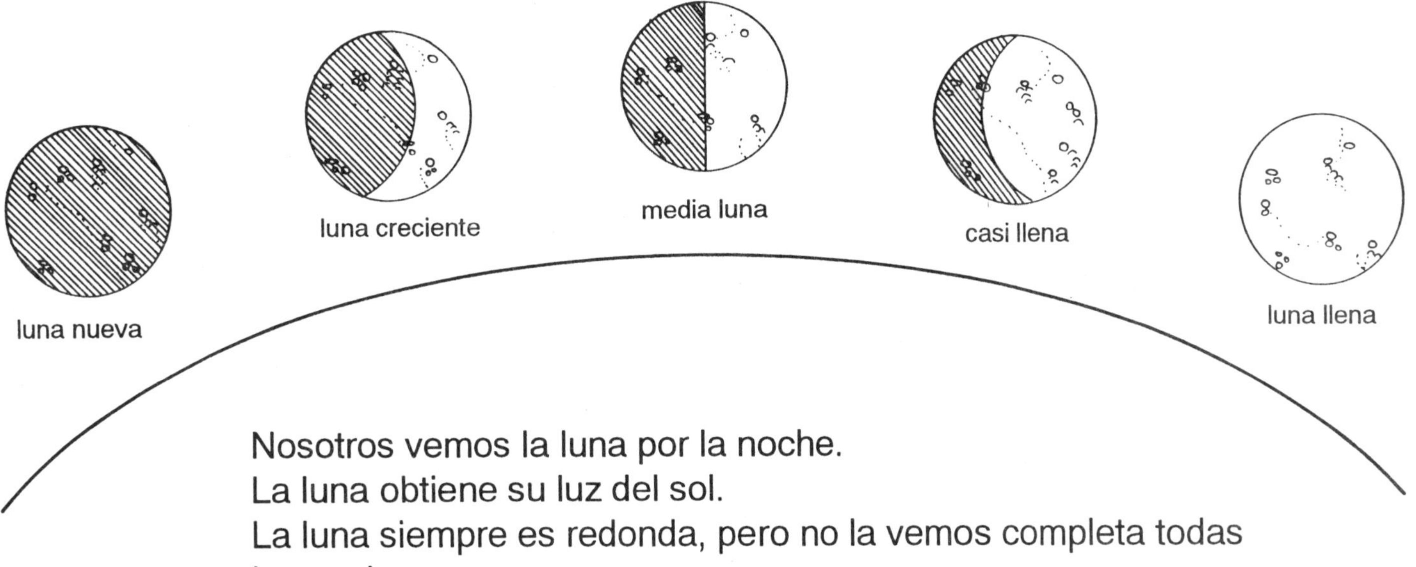

Nosotros vemos la luna por la noche.
La luna obtiene su luz del sol.
La luna siempre es redonda, pero no la vemos completa todas las noches.
A medida que la luna gira alrededor de la tierra, nos parece diferente.

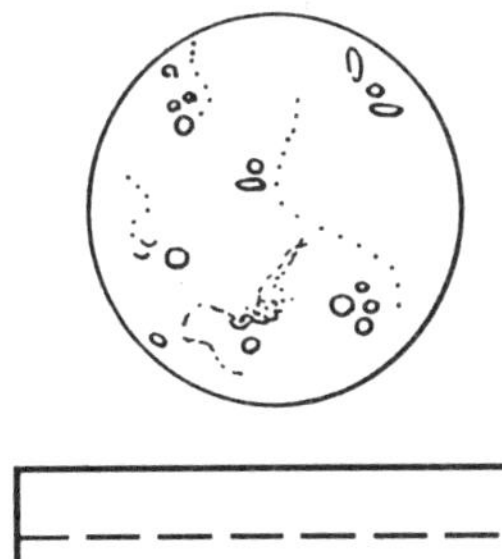

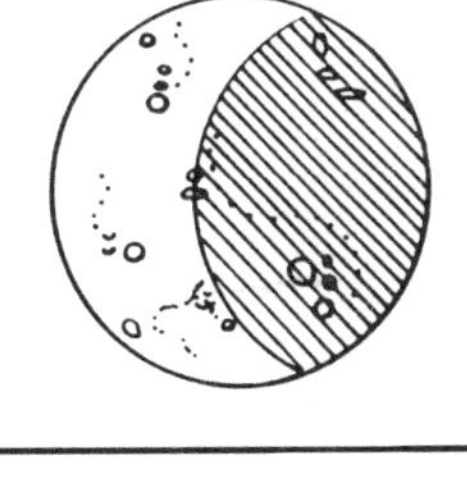

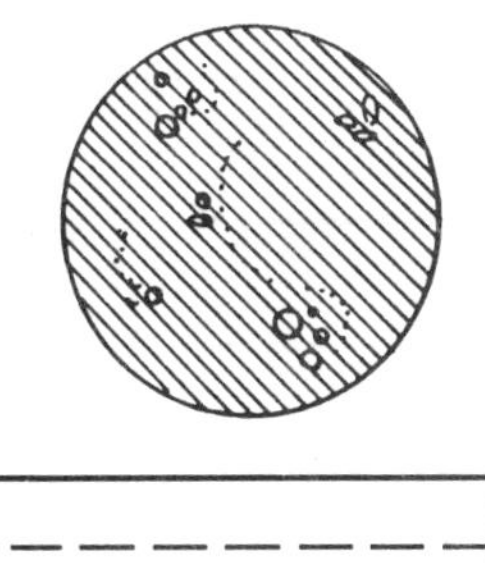

Llena los espacios en blanco:

tierra
luna
noche
sol

1. Vemos la luna en la __________.
2. La luna obtiene la luz del __________.
3. La __________ gira alrededor de la __________.

Extra: Dibuja un cuarto creciente de luna al reverso de esta página.

Maestro(a): Usted puede hablar sobre el viaje de Neil Armstrong y Buzz Aldrin.

Nombre_______________________________

Los Hombres en la Luna

En 1969, los primeros hombres desembarcaron en la luna. Ellos caminaron en la luna. Recogieron piedras para llevarlas a la tierra.

Estos hombres tuvieron que llevar trajes especiales. Tuvieron que llevar aire para respirar. Tuvieron que llevar los alimentos y el agua que necesitaban para el viaje.

Dibuja un hombre en esta luna.
¿Qué llevará puesto?

Extra: ¿En qué se parecen la tierra y la luna?
¿En qué son diferentes?

Maestro(a): Usted puede enseñar estos términos: rotación, órbita.

Nombre_______________________________

El Sol

El sol es una estrella. Es la estrella más cercana a la tierra. Es la estrella que vemos durante el día. El sol es mucho más grande que la tierra. Está tan distante que parece pequeño. La tierra gira alrededor del sol. Esto toma un año.

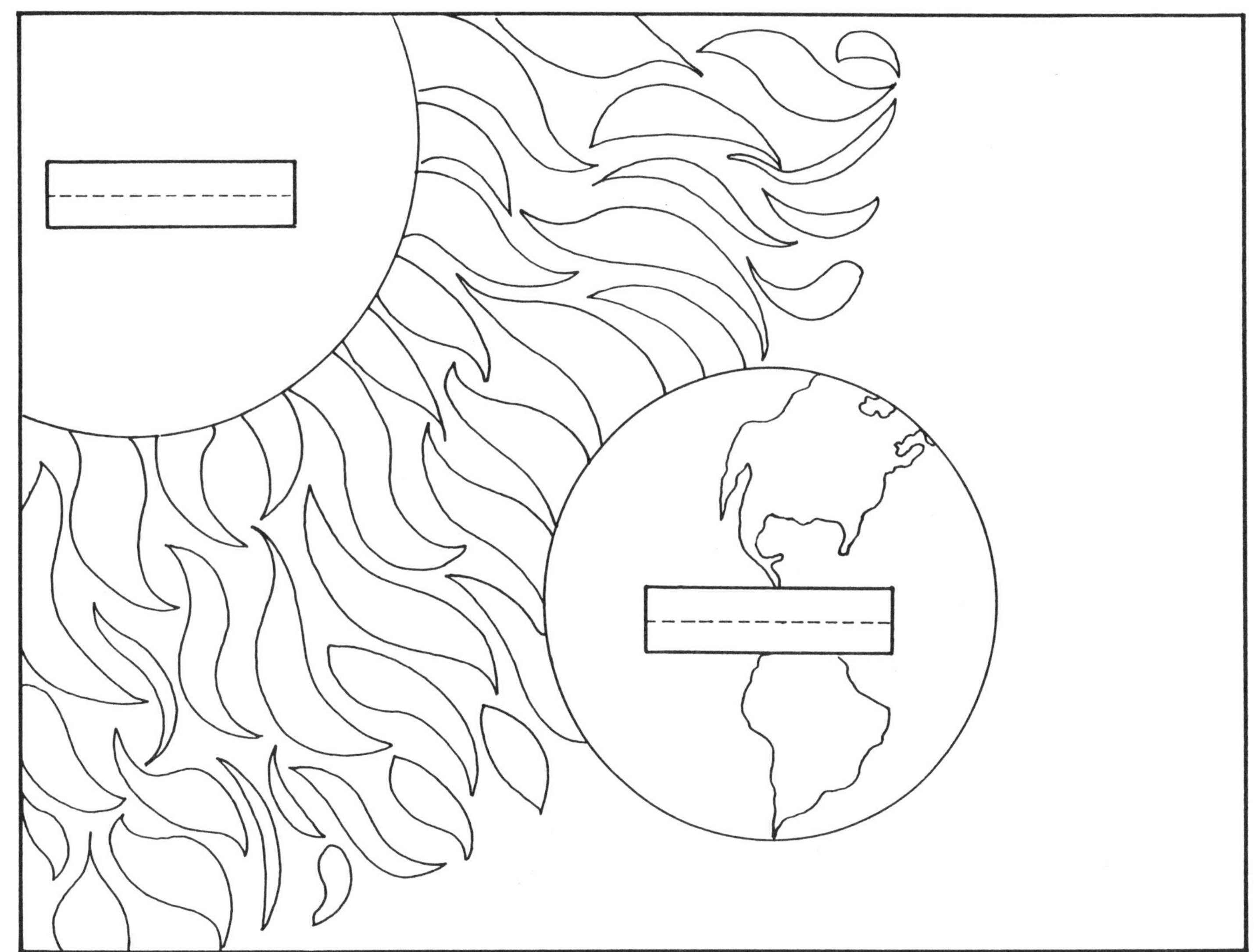

Colorea el sol de amarillo.
Colorea la tierra de azul y verde.

Extra: La luna gira alrededor de la tierra. Dibuja una luna pequeña cerca de la tierra.

Maestro(a): En este momento usted puede hablar sobre la energía solar.

Nombre ____________________________

Nosotros Necesitamos el Sol

El sol es una bola de gases calientes. Emite calor y luz.

Nosotros necesitamos la luz del sol. Nos da calor para calentarnos. Nos da luz para ver. Las plantas también necesitan la luz del sol. Esto ayuda a las plantas a producir alimentos para nosotros y oxígeno para que nosotros respiremos.

alimentos
la luz del sol
oxígeno
luz
calor

Llena los espacios en blanco:

1. El sol nos da __________ y __________
2. Las plantas necesitan __________ para producir __________ para nosotros.
3. Las plantas producen __________ para que nosotros respiremos.

Dibuja tu jardín en un día soleado.

Circula las cosas que necesitan la luz del sol.

Extra: En una hoja de papel, escribe acerca de las maneras en que el sol nos ayuda.

Nombre________________________________

El Día y la Noche

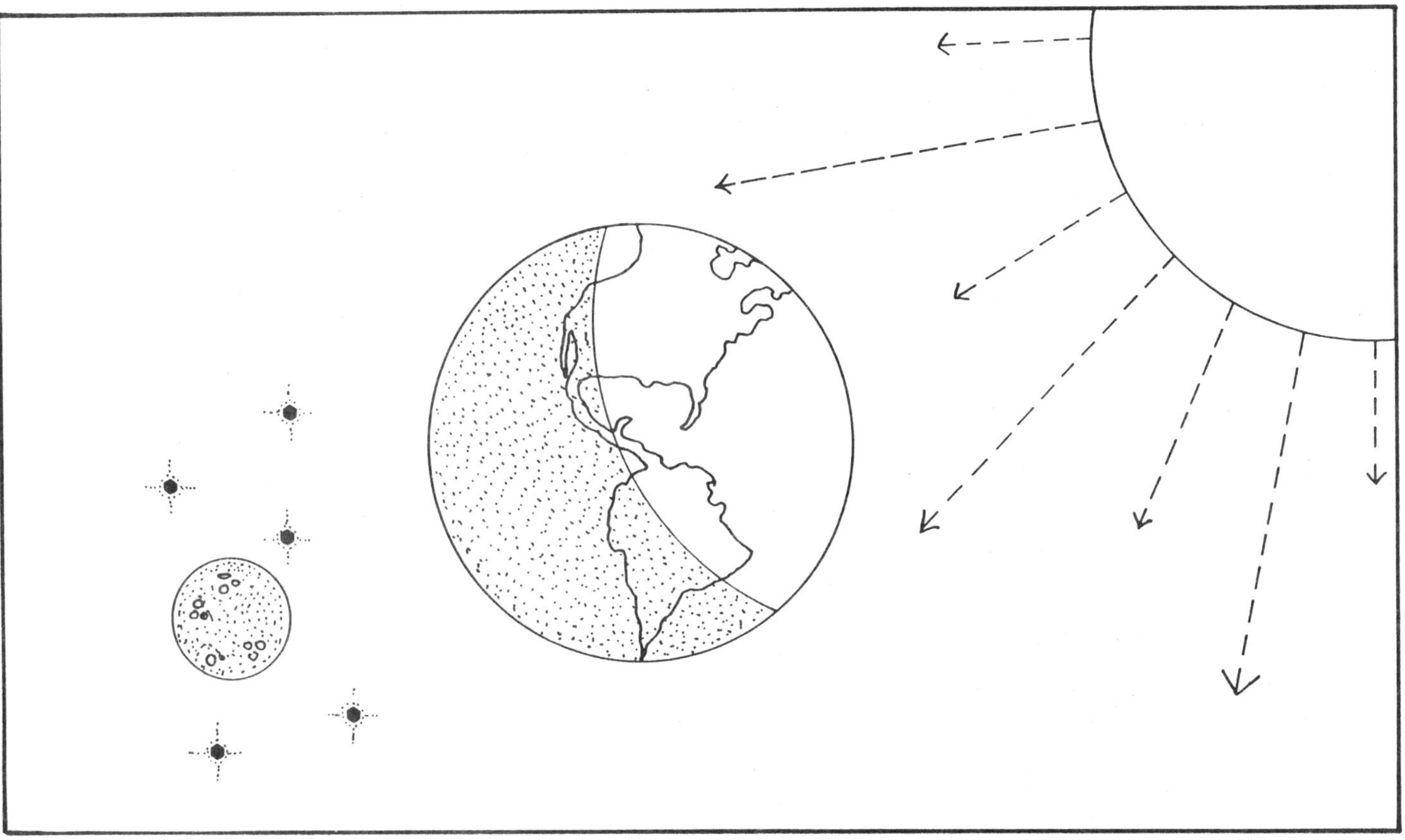

El sol brilla todo el tiempo.
La tierra gira de manera que no podemos ver la luz del sol por la noche.
La luz ilumina el cielo durante el día.
El cielo está oscuro por la noche.

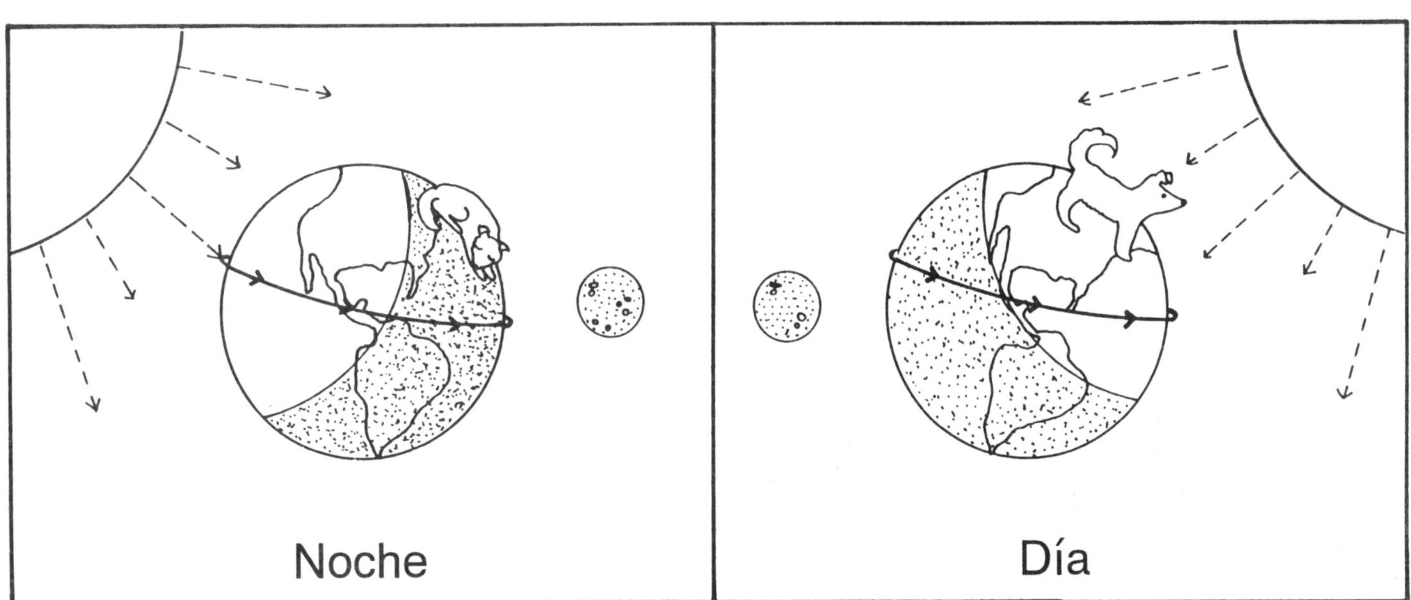

Extra: Colorea de negro el cuadro que muestra la noche.
Colorea de amarillo el cuadro que muestra el día.

Nombre ______________________

Diciendo la Hora con el Sol

Hace mucho tiempo el sol nos ayudaba a saber la hora. Cuando la luz del sol cae sobre algo, hace una sombra.

Las sombras se mueven a medida que el sol avanza por el cielo. Los hombres hicieron un reloj solar. Cuando la sombra avanzaba, esta caía sobre los números para indicar la hora.

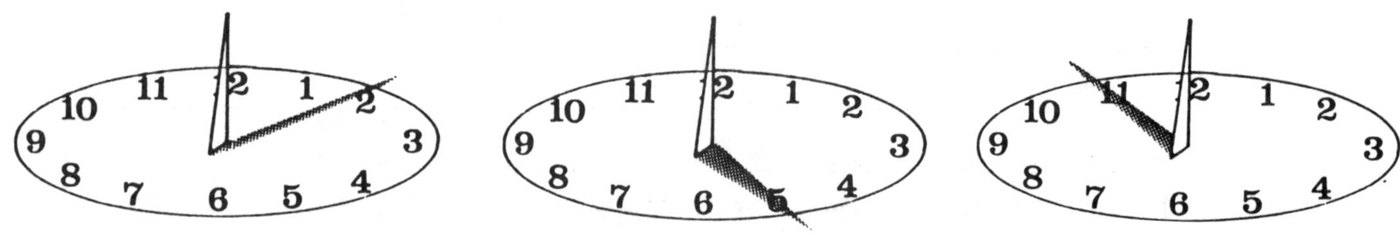

¡El reloj solar no ayudaba en un día lluvioso ni en la noche!

¿Qué hora es?

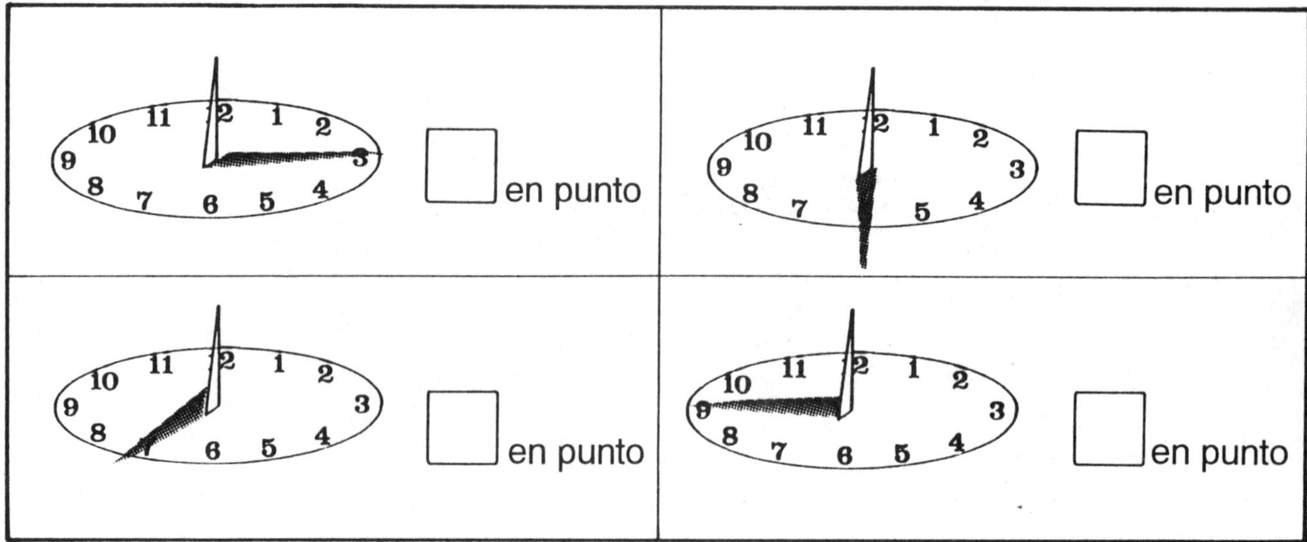

Extra: Indica que hora es en tu salón de clase.

Leo
Osa Ma

El Cielo

& Estrellas

Sol, Luna,

e Noche

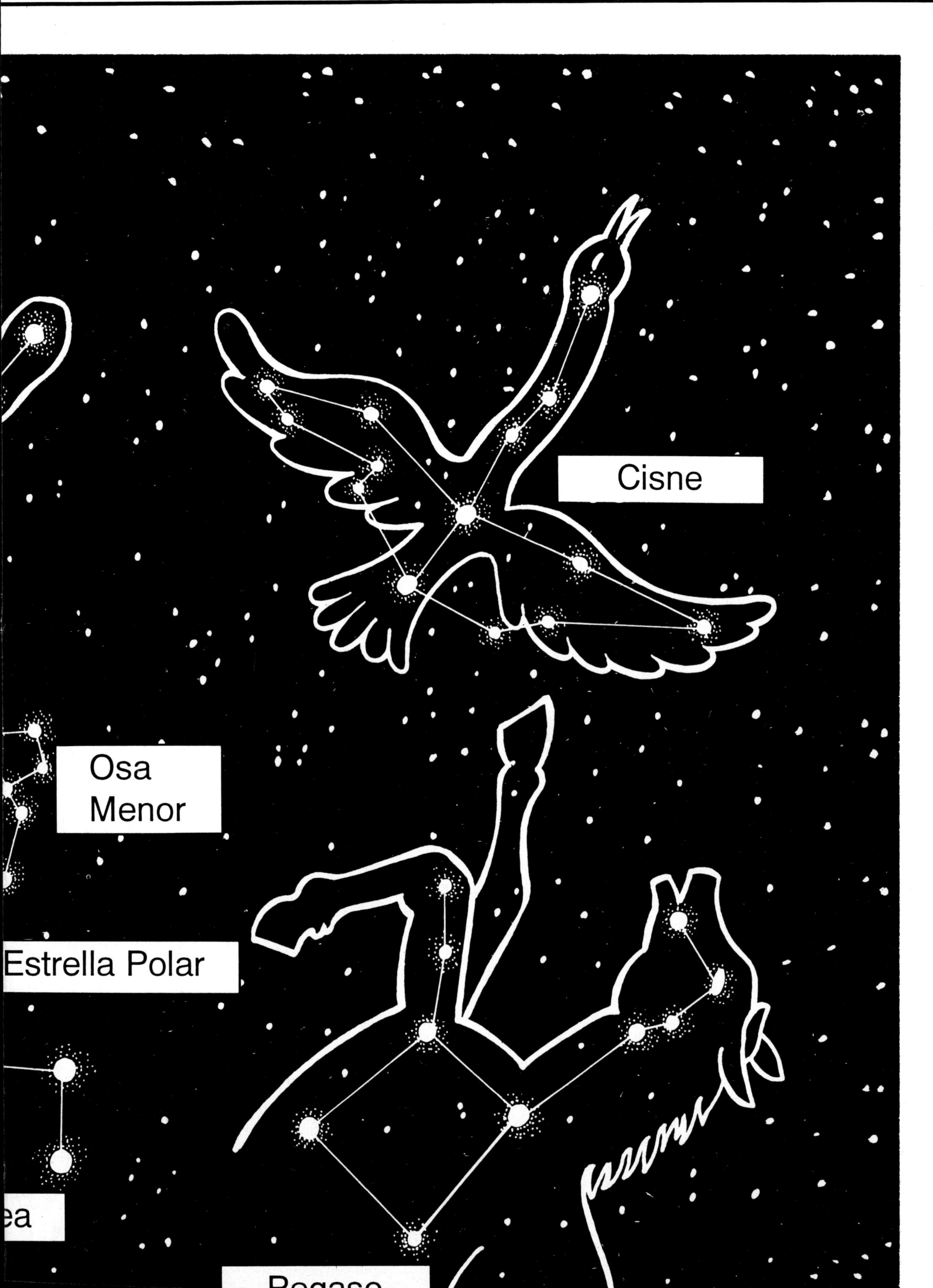
Cisne
Osa
Menor
Estrella Polar
ea
Pegaso

Nombre_______________________________

Los Eclipses

¿Qué ocurre cuando la sombra de la tierra cae en la luna? La luna no puede obtener la luz del sol, de manera que no puedes ver la luna.

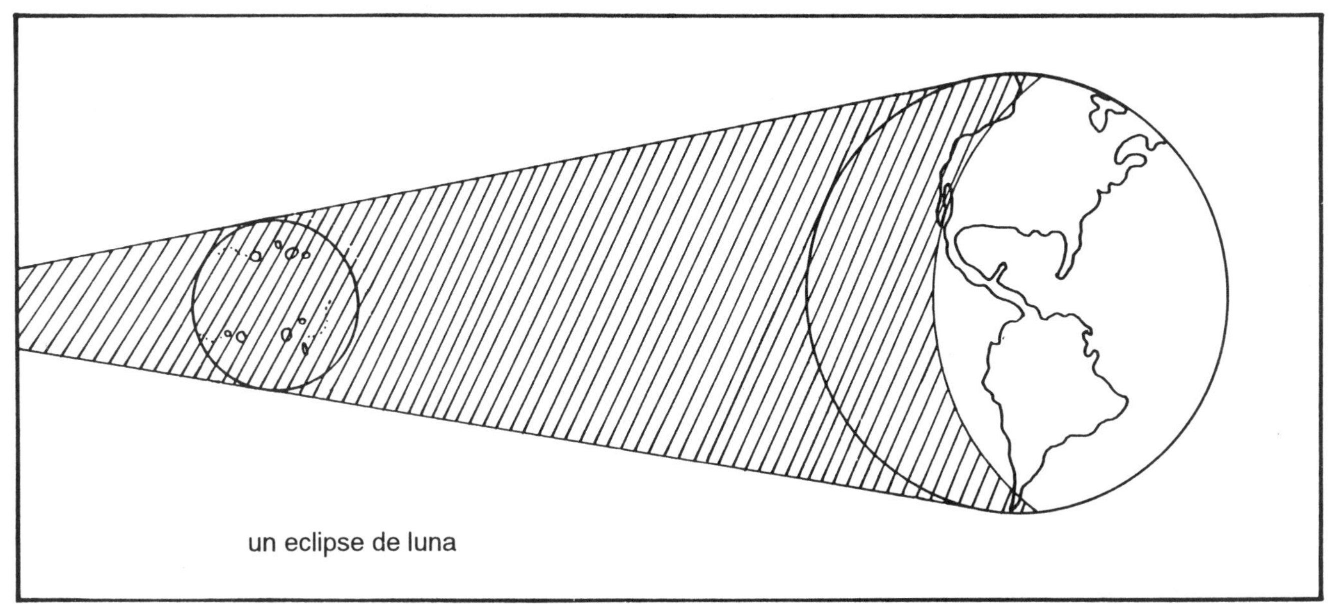

un eclipse de luna

¿Qué ocurre cuando la sombra de la luna cae en la tierra? La luna bloquea la luz del sol en una parte de la tierra, de manera que esa parte no puede ser iluminada por el sol.

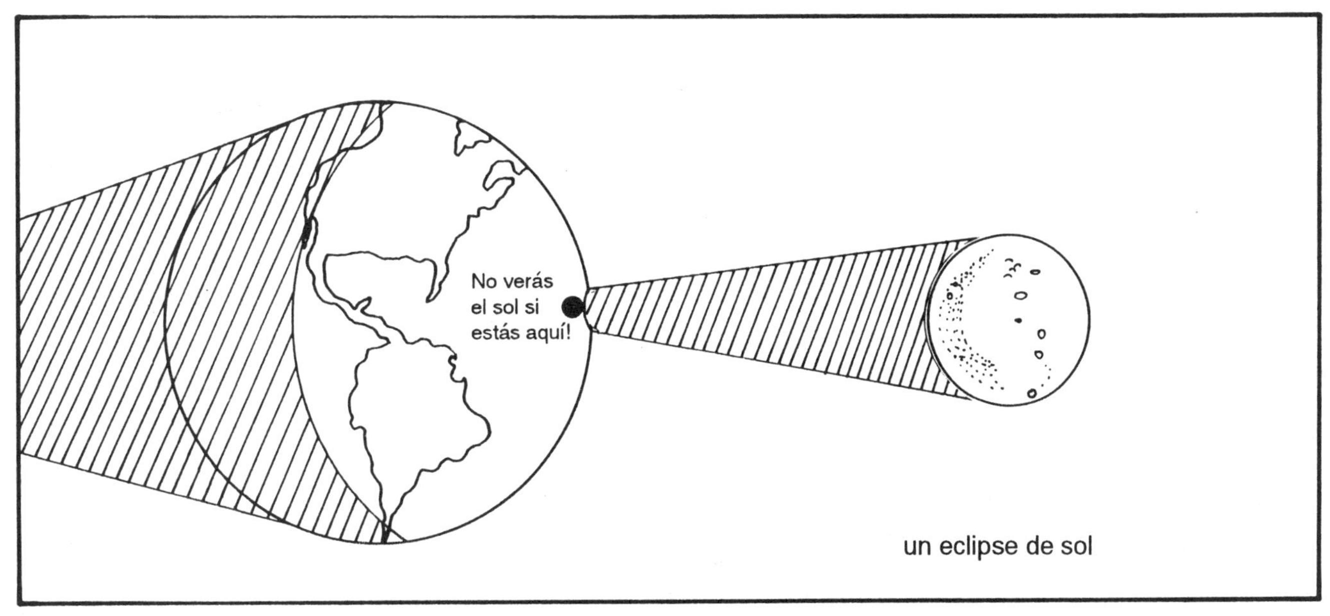

un eclipse de sol

Extra: Haz la siguiente pregunta a diez personas:
"¿Has visto alguna vez un eclipse?"

Maestro(a): Usted puede enseñar el concepto de años luz.

Nombre ______________________________

Las Estrellas

Una estrella es una bola de gases calientes. Las estrellas producen luz y calor. Las estrellas están tan distantes que no podemos sentir el calor. Ellas parecen solamente como pequeños puntos luminosos.

Las estrellas están siempre en el cielo. En el día, nuestro sol produce tanta luz que oculta a las otras estrellas. En la noche, cuando el sol no está en nuestro cielo, podemos ver las otras estrellas.

Las estrellas en nuestro cielo son llamadas "La Vía Láctea". ¿Puedes adivinar por qué?

Une:

1. Una estrella es	calor y luz.
2. Las estrellas están	son parte de La Vía Láctea.
3. Una estrella produce	una bola de gases calientes.
4. Nuestro sol	muy distantes.
5. Las estrellas en nuestro cielo	es una estrella.

Extra: ¿Cómo se llama la estrella más cercana a la tierra?

Nombre ___________________________

Figuras en el Cielo

En la noche, el cielo está lleno de estrellas. Puedes ver 2000 estrellas con tus ojos. Hace mucho tiempo, los hombres dieron nombre a grupos de estrellas.

¿Has observado el cielo de noche?
¿Viste estas figuras de estrellas?

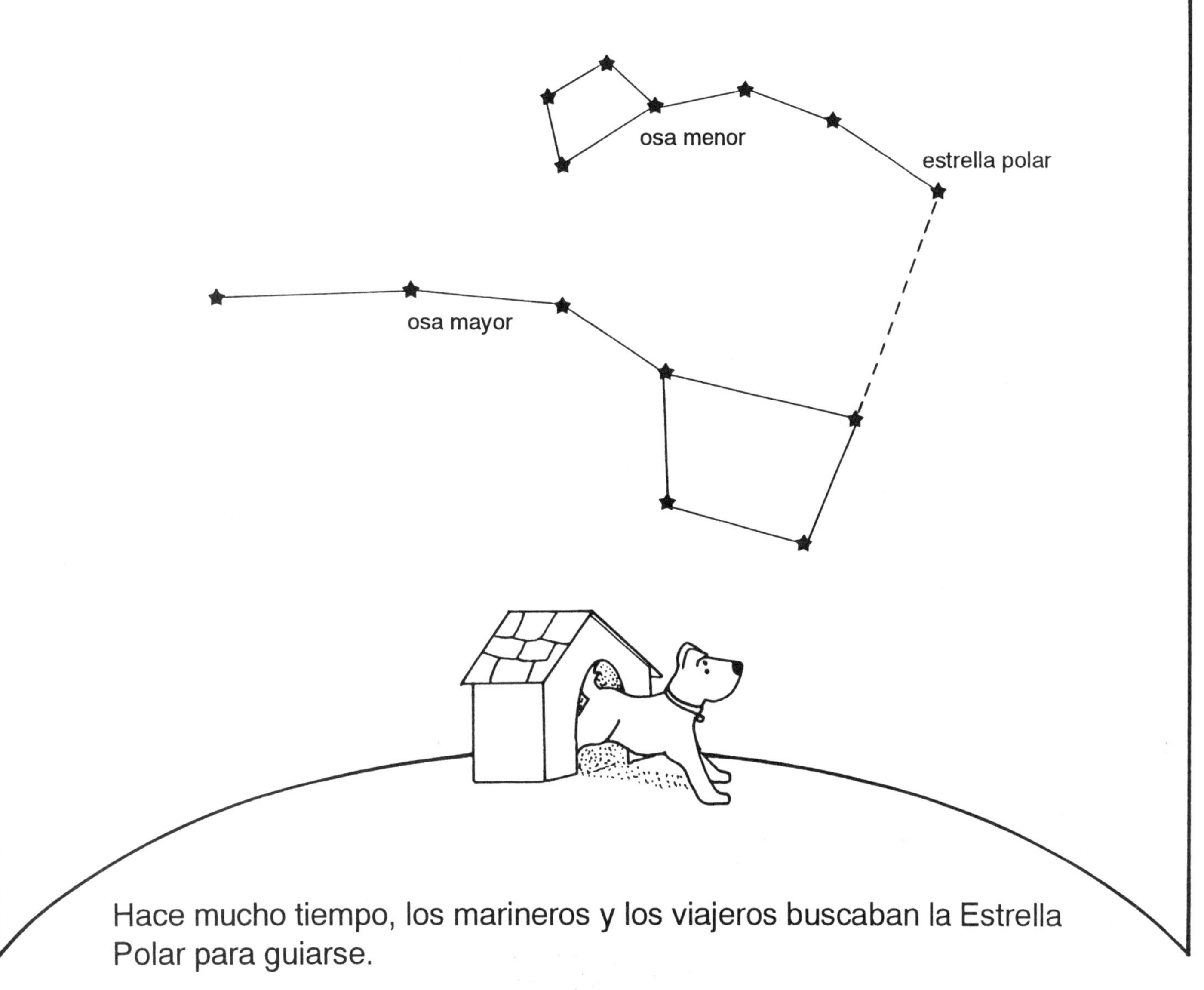

Hace mucho tiempo, los marineros y los viajeros buscaban la Estrella Polar para guiarse.

Extra: Yo puedo encontrar la osa mayor en el cielo. sí no

Nombre________________________________

Las Constelaciones

Aquí hay algunas de las figuras de estrellas en nuestro cielo:

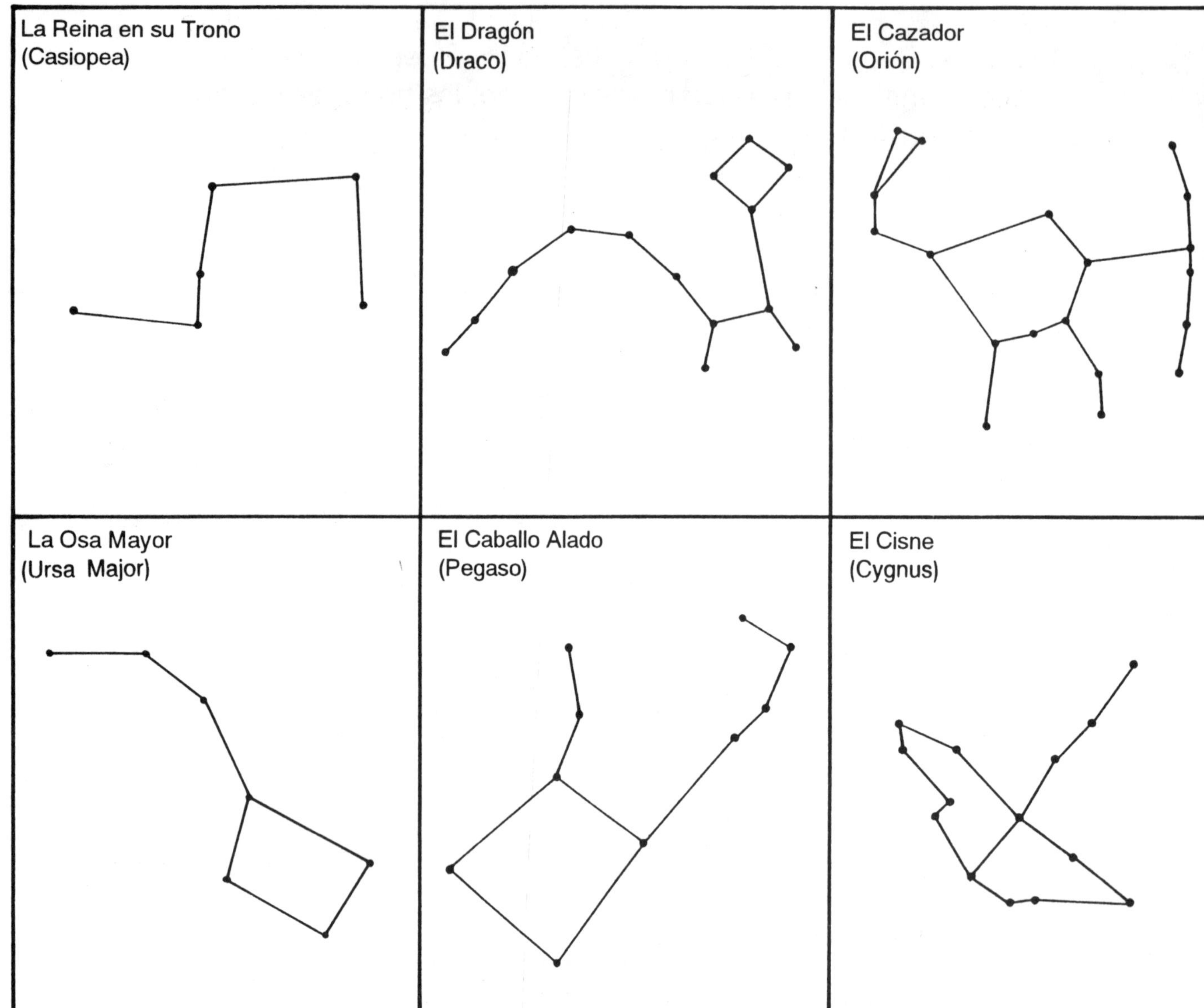

Traza con una crayola negra:

1. en Casiopea
2. en Dragón
3. en Orión
4. en Pegaso
5. en Cisne
6. en la Osa Mayor

Extra: Dibuja la osa menor al reverso de esta hoja.

ombre ______________________________

Centellean, Centellean

¿Por qué centellean las estrellas? La luz viene de las estrellas en líneas rectas. Cuando la luz alcanza la tierra, choca contra el aire que está alrededor de la tierra. El aire desvía la luz y esta se divide. Esto hace que las estrellas parezcan que centellean.

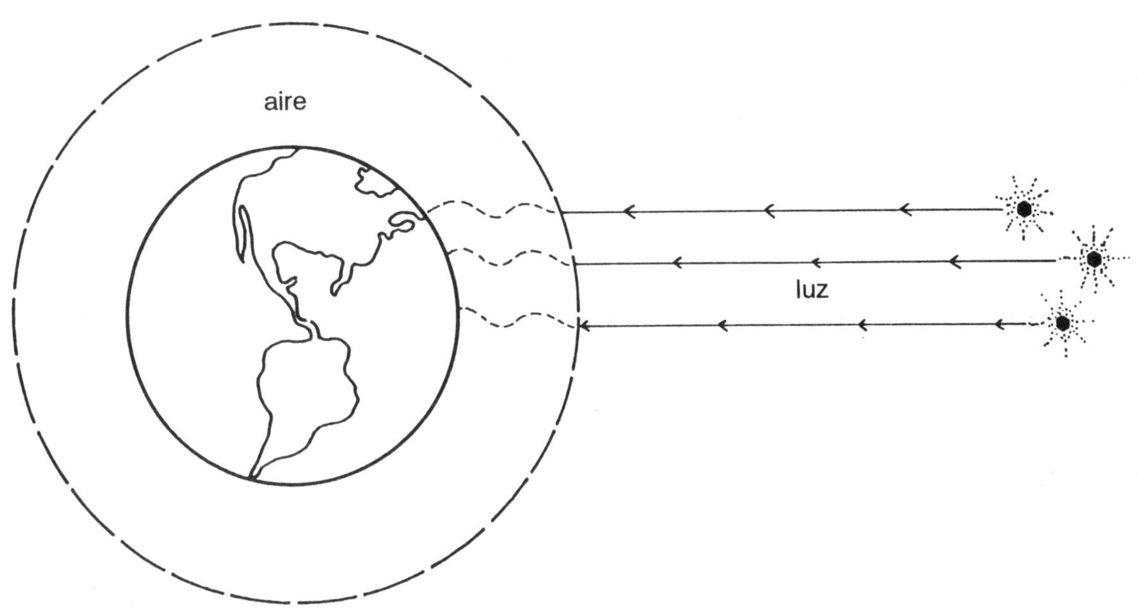

aire
luz
centellean

Llena los espacios en blanco:

1. La tierra está rodeada de 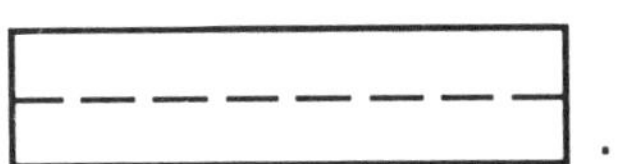 .

2. La ______________ de las estrellas choca contra el aire.

3. Las estrellas parecen como que ______________ .

Extra: Antes de acostarte, mira el cielo y cuenta las estrellas. ¿Cuántas hay? ¿Ninguna, muchas, demasiadas, algunas?

Nombre________________________

la luna llena	la luna creciente
el sol	el dragón
la tierra	la osa mayor

¿Qué es?

Conecta los números:

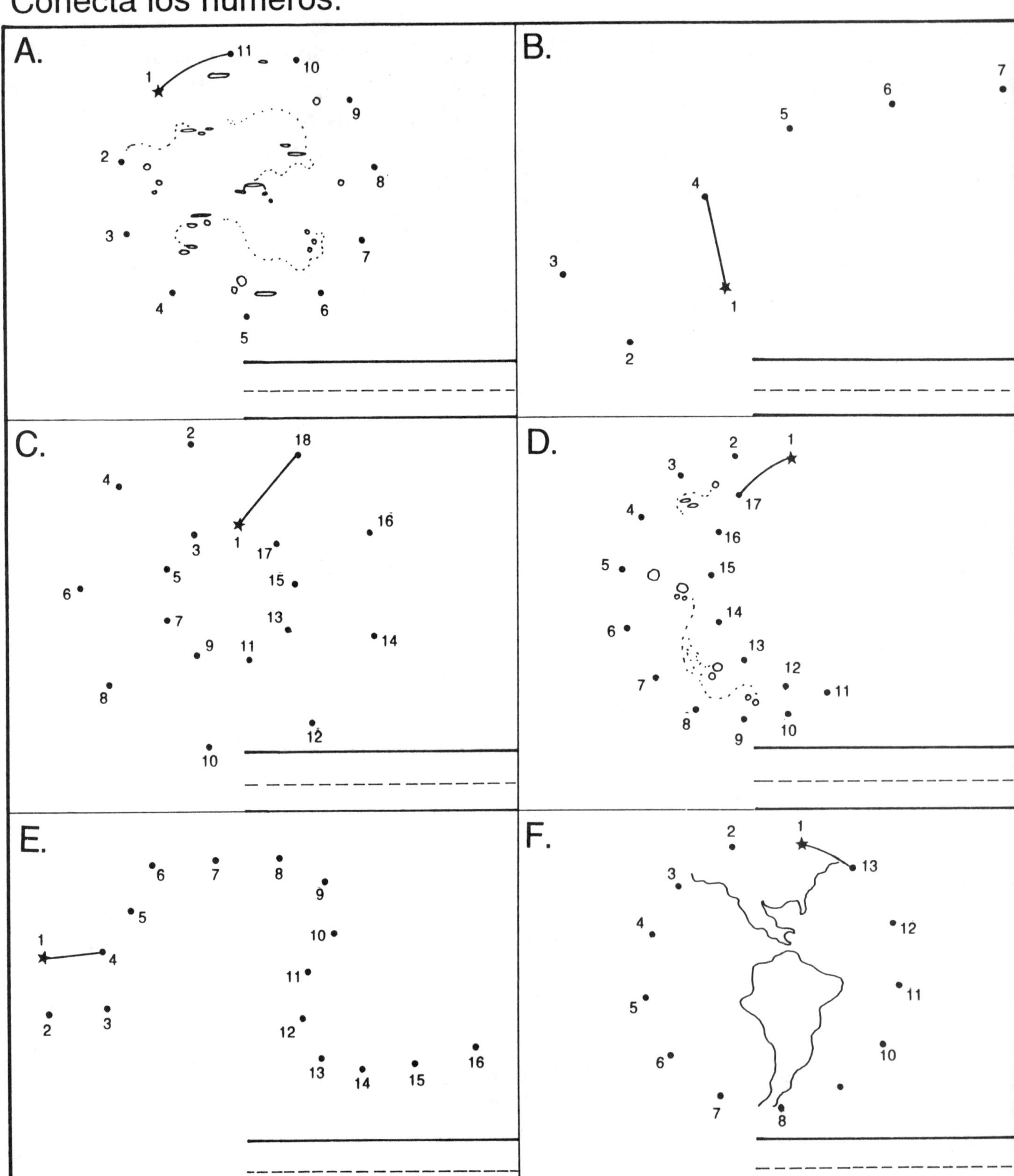

Extra: Colorea el sol de amarillo y la tierra de azul y verde.

ombre ______________________________

Soy una figura de estrellas que ves en la noche.

2. Soy el tiempo cuando el cielo está oscuro.

3. Soy el planeta en el que te encuentras.

4. Soy la estrella que ves durante el día.

. Soy el tiempo cuando el cielo está iluminado con la luz del sol.

6. Soy un hoyo profundo en la luna.

7. Me verás si observas el cielo en la noche. Soy grande y brillante.

8. Nosotros centellamos en el cielo por la noche.

¿Puedes encontrar las respuestas aqui?

```
p e r e t e s t r e l l a s
l u n a l m o s t i e r r a
n o c h e c i e r r a d í a
b o c r á t e r r e s s o l
l o m i n s o s a m a y o r
```

Extra: Inventa una adivinanza sobre las estrellas. Cuéntasela a un amigo.

Copiar esta página en una cartulina o papel grueso. Laminar o cubrir con papel de contacto transparente. Cortar una por una las tarjetas para jugar. Cada jugador necesita una tarjeta de "La Osa Mayor". Usted necesitará una caja de calcomanías de estrellas. Use la lámina para repasar:

Luna	Tierra	Orión
Sol	Dragón	Pegaso
Cisne	Pisces	Casiopea

La Osa Mayor

Reglas del juego: Toma una tarjeta. Si puedes nombrar lo que está en la tarjeta ganas una estrella para tu Osa Mayor. El primer jugador que completa su Osa Mayor es el ganador.

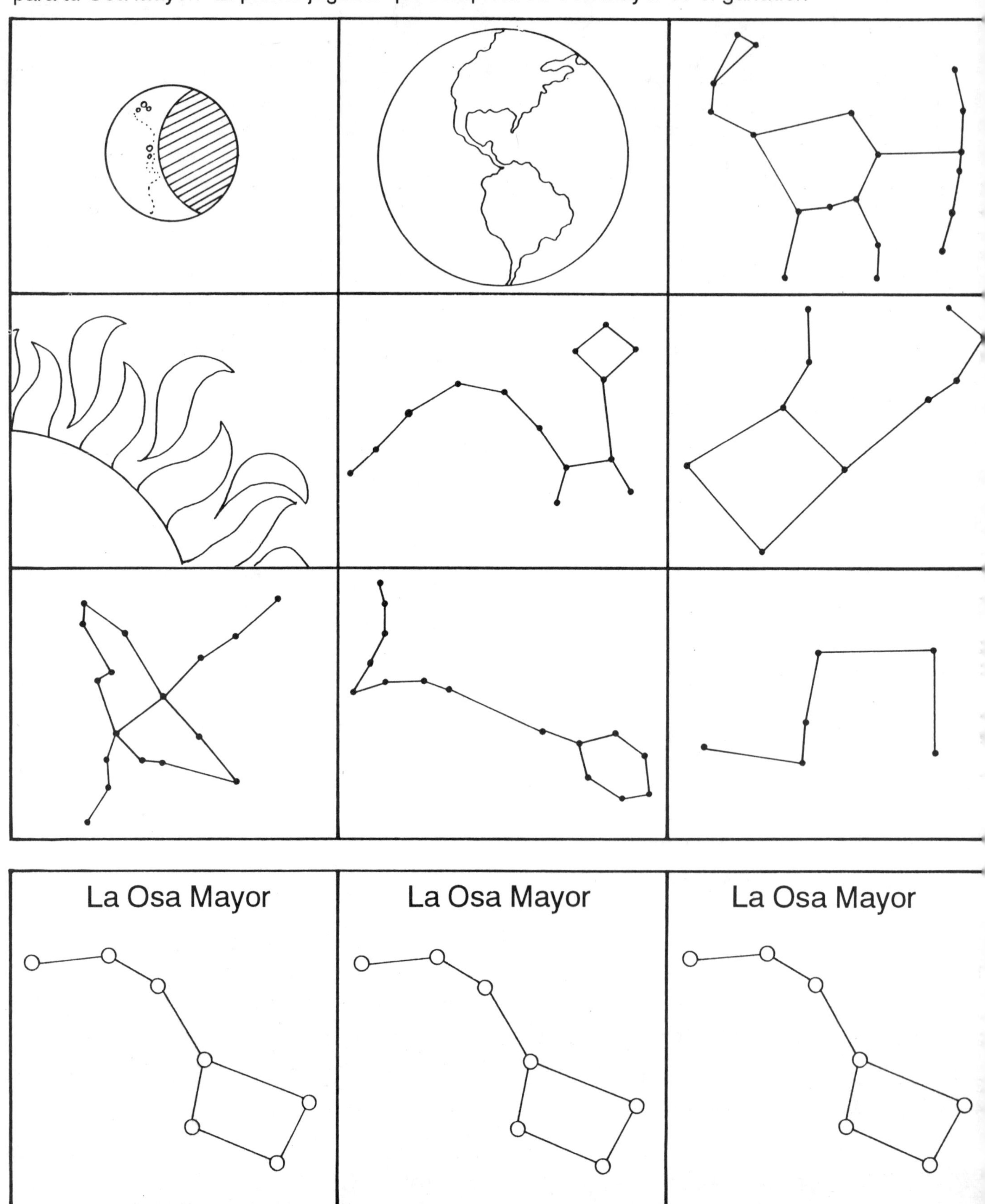

La Osa Mayor

La Osa Mayor

La Osa Mayor